각양각색
컬러나라

국립부산과학관

각양각색
컬러나라
국립부산과학관
2023 화제의 전시
국립과학관법인 공동특별전
각양각색 컬러나라

목차

서문

국립부산과학관은 부울경 시민 114만여 명의 서명으로 2015년 12월 개관한 동남권 대표 과학관입니다. 자동차, 항공우주, 선박, 원자력, 에너지, 의과학 등 지역산업의 과학기술을 체험으로 접할 수 있는 '상설전시관', 영유아를 위한 과학놀이터 '새싹누리관', 기초과학원리와 미래기술을 직접 느껴볼 수 있는 '어린이과학관' 등으로 구성되어 누구나 쉽고 즐겁게 과학을 즐길 수 있도록 마련된 공간입니다.

특히 기획전시실 '김진재홀'에서는 유아부터 성인까지 폭넓은 연령층을 아우르는 과학관 자체 기획전 및 국내 · 외 유관기관과의 협업을 통한 특별전시를 선보이고 있습니다. 과학관에서 선보이는 특별전시가 관람객들에게 일상에서 과학을 체험할 수 있고, 과학과 인문, 예술 등 다양한 분야가 융합된 전시와 체험을 경험하는 기회가 되었으면 합니다.

이 책의 근간이 되는 2023년 국립과학관법인(부산 · 대구 · 광주과학관) 공동특별전 '각양각색 컬러나라' 역시 과학과 예술, 자연, 인문 등이 융합된 대표적인 전시라고 할 수 있습니다. 우리 과학관에서는 2023년 7월부터 9월까지 약 3만 명의 관람객이 다녀가며 많은 사랑을 받았습니다(3개 과학관 총 7.5만 명).

전시는 '빛과 컬러', '예술과 컬러', '자연과 컬러' 3개 존 32개 전시콘텐츠로 구성하여 우리 일상에 함께하는 '색(色)'을 주제로 빛 · 예술 · 자연과 연계된 다양한 색 체험을 통해 과학적 원리뿐만 아니라, 색이 전달하는 의미와 감정을 느껴볼 수 있는 다채로운 콘텐츠들을 선

보이며 관람객의 뜨거운 호응을 얻었습니다.

'빛과 컬러' 존에서는 빛과 색에 대한 과학적 원리를 탐구하였습니다. 디스플레이 기기에서 색을 볼 수 있는 원리, 알록달록 컬러 그림자 만들기, 단서를 찾아 미션을 수행하는 색이 사라진 방 등 놀이를 통해 색에 대한 여러 가지 궁금증을 풀어주었습니다.

'예술과 컬러' 존에서는 과학을 넘어, 예술적 관점에서 색을 경험해 볼 수 있었습니다. 자연에서 색을 얻으려 했던 고대 인류의 노력부터, 명화와 예술가에 얽힌 흥미로운 컬러 이야기도 풍성하게 전달하였습니다.

컬러 이론 중 하나인 색채대비는 놀이 형태로 재구성하여 즐거움을 주었고, 상상하는 대로 표현하는 라이팅 드로잉과 악기의 소리를 나만의 색으로 표현하며 공감각을 자극하는 컬러오케스트라는 색다른 경험을 선사하였습니다.

'자연과 컬러' 존에서는 광물의 색과 탄생석, 식물의 색소 유전자, 동물의 구조색 등을 알아보고 나의 피부에 어울리는 퍼스널 컬러 진단으로 인간이 색깔에서 느끼는 의미와 감정을 체험해 볼 수 있었습니다.

많은 관람객에게 사랑받았던 특별기획전시 '각양각색 컬러나라' 속 과학 이야기가 이제 다양한 연령의 독자분들에게 전해졌으면 합니다. 알기쉽고, 재미있게 풀어낸 색의 과학세계로 초대합니다. 색깔이 없는 것처럼 보이는 햇빛에도 실제로는 여러 색의 빛이 모여 있습니다. 독자 여러분의 삶도 자신만의 색으로 가득 차길 기원하며, 아무쪼록 이 책이 새로운 시각으로 다양한 색을 가진 세상을 바라볼 수 있는 힘이 되기를 기대합니다.

2024년 2월

국립부산과학관

1부

색, 빛을 품다

1.
살피다;
색과 파장

"빨강, 파랑 노랑…. 세상에는 수많은 색이 존재한다. 그런데 그 색은 사물의 것일까? 기원전 아리스토텔레스는 물체마다 고유한 색인 '실제 색'이 있다고 가정했다. 하지만 오늘날 밝혀진 바로는, 색을 결정하는 요소는 '빛'이다. 주변 환경에 따라 서로 다른 색으로 보이기도 하고, 또는 같은 색으로 보이기도 한다. 빛을 어떻게 받아들이냐에 따라 다르게 느끼게 되는 것이다. 그렇다면 빛이 어떻게 색을 빚어내는지 더 구체적으로 알아보자."

색 *Color*

색은 빛이 물체에 반사되거나 흡수되어 눈과 뇌를 통해 인식되는 현상이다. 사람이 눈으로 볼 수 있는 범위는 정해져 있어 모든 색을 인지할 수는 없지만 식별할 수 있는 범위가 매우 넓고 다양하여 색을 복잡하고 다채롭게 인식한다. 그뿐만 아니라 문화, 환경, 경험 등의 영향으로 같은 색이라도 저마다 다른 느낌을 받을 수 있다.

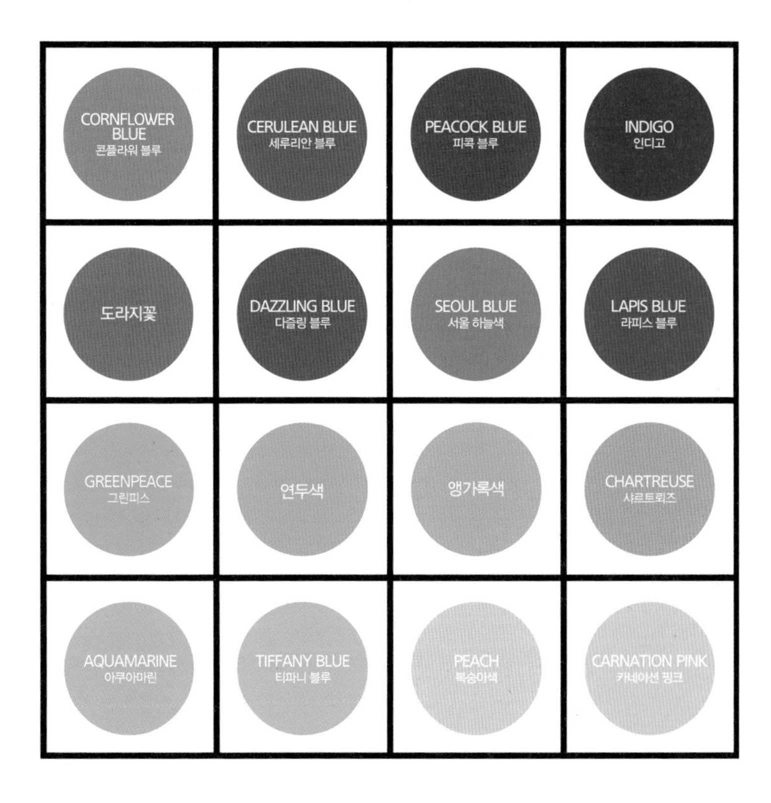

파장 *wavelength*

빛은 전자기파로서 여러 형태의 파장과 주파수의 형태로 나타난다. 물체에 반사되어 우리 눈에 들어오는 빛은 특정 일정한 파장대의 전자기파이다. 이를 가시광선(visible light)이라고 부르는데 일반적으로 빨강, 주황, 노랑, 초록, 파랑, 남색, 보라 등 7가지 색으로 나뉜다. 파장의 길이에 따라 빛의 색상이 결정되는데, 빛의 파장이 짧을수록 보라색이나 파란색으로, 파장이 길수록 주황색에서 빨간색으로 인식되는 것이다. 우리 눈은 이러한 특정 파장의 빛을 받아들여 색을 인지한다.

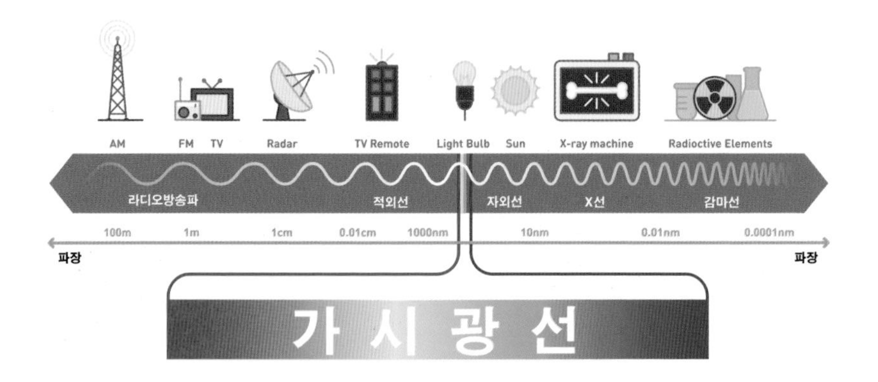

컬러 그림자

물체가 있는 곳에 빛이 닿으면, 빛은 그 물체를 통과하거나 반사된다. 이때 물체의 뒷면에는 검은 어둠이 생긴다. 이 어두운 색의 영역이 바로 그림자다.
그림자는 빛의 방향과 물체의 크기와 모양에 따라 변화한다. 빛의 방향이 바뀌면 그림자의 방향과 크기도 달라지며, 물체가 움직이면 그림자도 움직인다.
그런데 그림자는 검은색만 있을까? 아니다. 빛이 특정한 색상을 가지고 있거나 그림자를 만드는 물체가 빛을 투과할 수 있는 경우에는 그림자의 질감이나 색이 변할 수도 있다.
검은 어두움의 그림자만 있을까? 밝고 예쁜 그림자는 없을까?
빛의 과학적 원리를 잘 이용한다면, 아름다운 컬러 빛의 그림자를 만들 수 있다.

Plus 1. 프리즘과 무지개

백색의 밝은 빛이 프리즘에 닿으면 굴절이 일어난다. 이때 빛의 파장에 따라 파장이 다른 색깔의 빛은 서로 다른 각도로 굴절되어 다른 위치에서 나타나게 된다. 이러한 과정을 거치면, 하나의 광원으로부터 여러 색깔의 빛이 나뉘어 예쁜 무지개색 스펙트럼(spectrum)을 관찰할 수 있다.

프리즘을 실험한 대표적인 인물은 17세기 물리학에 큰 공헌을 한 뉴턴이다. 물체의 운동과 빛의 현상에 큰 관심을 두었던 그는 실험으로 빛과 색에 관한 당대의 관념을 크게 바꿨다. 그의 이중 프리즘 실험은 백색광에서 여러 색으로 분리된 단색광이 다시 분리될 수 있는지 알아보는 시도였다. 이 실험을 통해 빛은 고유한 색을 가지고 있으며 색이 반사되거나 투과되면서 변하지 않는다는 사실을 증명해 냈다.

2.
나누다;
색의 분류

"빨갛다, 발갛다, 붉다, 뻘겋다, 벌겋다, 붉디붉다, 새빨갛다, 볼그레하다, 발그레하다, 발그스름하다, 불그레하다, 불그죽죽하다….
빨강 하나조차 우리는 이렇게 많은 표현으로 분류하곤 한다.
빨강(red), 버건디색(burgundy), 진홍색(crimson), 주홍색(vermilion), 와인색(wine), 자홍색(fuchsia), 연어살색(salmon), 장미색(rose), 진한 분홍색(hot pink), 복숭아색(peach)….
어떠한 언어이든 색 표현은 이처럼 다채롭다. 다양하게 표현되는 색에 대한 체계적 분류 방법을 살펴보자."

색의 3요소

색은 흔히 색상, 명도, 채도라는 세 가지 성질을 바탕으로 구분하는데 이를 색의 3요소라고 부른다.

색상 *Hue*

색상은 빨강, 주황, 노랑, 초록, 파랑, 남색, 보라 등 색의 가장 기본적인 성질이다. 색상은 일반적으로 색의 이름으로 불리며, 색 상환을 통해 서로 대조되는 색들이 어떻게 배열되는지를 확인할 수 있다.

명도 *Value*

명도는 색의 밝기를 나타내며, 밝은색과 어두운색의 차이를 나타낸다. 명도가 높을수록 색은 더 밝고 눈에 더 잘 띈다.

채도 *Saturation*

채도는 색의 순도를 나타내는 것으로, 순수한 색과 중간색 사이의 거리를 나타낸다. 채도가 높을수록 색은 더 강렬하고 선명해진다.

먼셀의 색상

미국의 화가이며 색채연구가인 먼셀(Albert Henry Munsell, 1858~1918)은 색의 3요소를 기반으로 '먼셀색체계'를 1905년에 발표했다. 이후 1927년 『The Munsell Book of color』를 발간하여 색체계를 확립했다. 그는 색을 세 가지 속성인 색상(Hue), 명도(Value), 채도(Chroma)에 따라 분류했다.

먼셀색체계

먼셀색체계는 1905년에 발표된 이후, 1940년에 미국 광학회에 의해 한차례 수정된 것을 말한다. 먼셀색체계의 표색방법은 매우 합리적이기 때문에 오늘날 전 세계적으로 가장 널리 사용되고 있다. 우리나라도 교육용과 공업규격용 등 다양한 분야에서 활용하고 있다.

기본 5 색상

먼셀의 색상

빨강(R), 노랑(Y), 초록(G), 파랑(B), 보라(P)의 5가지 기본색에 주황(YR), 연두(GY), 청록(BG), 남색(PB), 자주(RP)의 5가지 중간색을 더한 '10 색상'으로 구성된다. 먼셀색체계는 이 10가지 색상을 다시 각각 10단계로 나눠 '100 색상'으로 분류한다. 그러나 실용 표색계에서는 각각의 색상을 4단계로 구분해 '40 색상'으로 구성하고 있다.

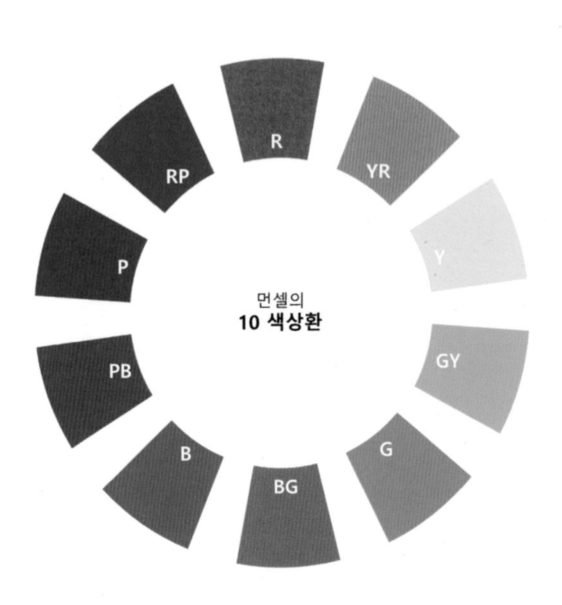

먼셀의 명도

명도 단계는 순수한 검정을 0, 순수한 흰색을 10으로 보고, 그 사이를 9단계의 무채색으로 분할하여 총 11단계로 표시한다.

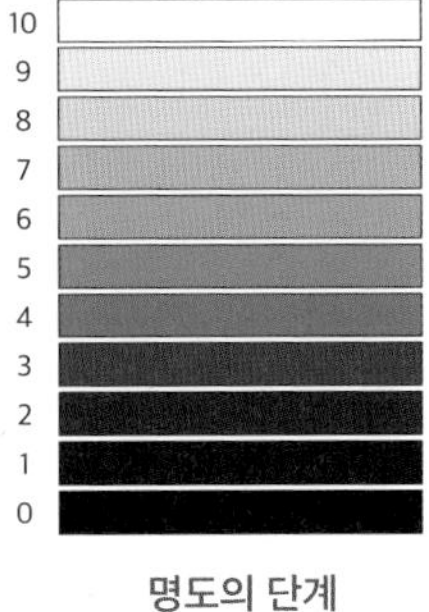

명도의 단계

먼셀의 채도

채도는 색깔이 없는 무채색의 회색 계열을 기준으로 하여 0으로 두고, 색의 순도가 증가할수록 1, 2, 3 등으로 숫자를 높여간다. 즉, 색마다 가장 순수한 색의 채도 값이 최대치가 되는 것이다. 번호가 높아질수록 채도가 높아지지만, 가장 높은 채도 단계(순수한 색이 되는 단계)는 색상마다 다르다. 예를 들어 빨강과 노랑은 14~16단계, 보라와 초록은 7~8단계로 나타낸다.

채도의 단계

색상표 읽기

먼셀 색은 '색상 명도/채도'로 표기한다. 예를 들어 '5YR 7/4'라고 하면, YR(주황) 계열의 5번째 색상에 명도가 7, 채도가 4인 것을 의미한다.

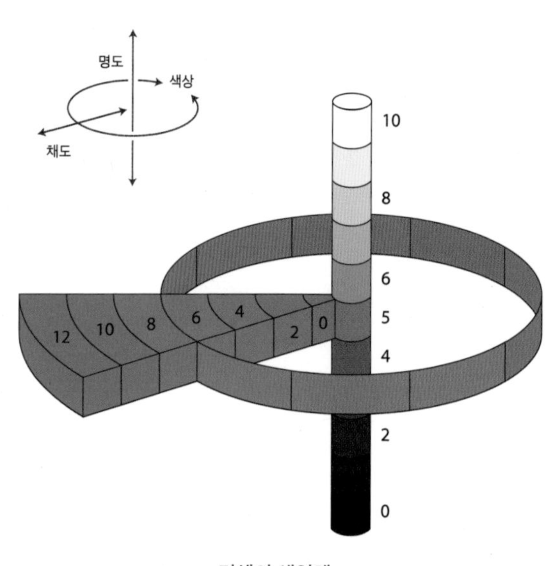

먼셀의 색입체

먼셀색입체

색의 3요소를 기반으로 색분류를 체계적으로 입체로 나타낸 것으로, 색채나무(Color Tree)라고도 한다. 명도 순으로 무채색을 세로축으로 중심에 세우고, 그 주위에 원형으로 색상을 배열시켰다. 각 색상별로, 중심에서 바깥으로 향하는 가로축으로는 채도를 채워나간다. 새로운 기술이나 이론에 따라 더욱 세분화된 채도가 생겨날 것을 예상하여 나뭇가지처럼 뻗어나갈 수 있는 구조로 만들어진 것이다. 아래 모형과 같이 색의 3속성을 3차원적인 입체 공간에 균일한 간격으로 배열하고 있다.

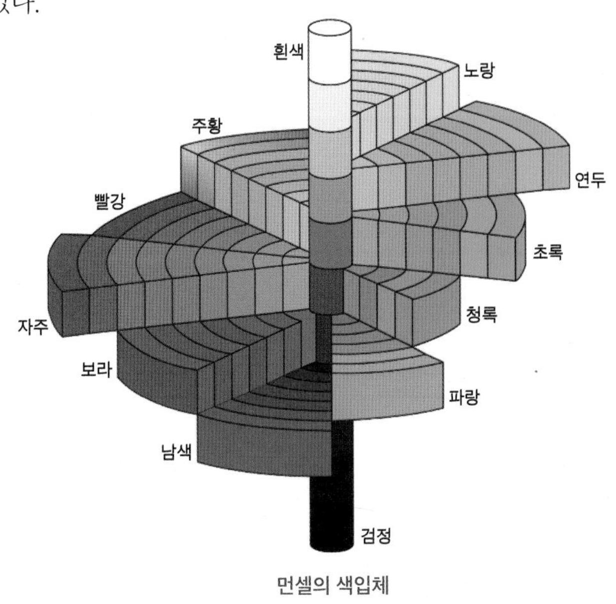

먼셀의 색입체

Plus 2. 보이지 않는 빛

우리 눈에 보이는 범위 외에도 더 많은 빛이 존재한다. 이 중 빨강보다 파장이 긴 빛을 적외선, 보라보다 파장이 짧은 빛을 자외선이라고 한다.

자외선은 일반적으로 400nm(나노미터) 이하의 파장을 가지는 빛으로 태양광, 전자기기, 형광등 등에서 발생한다. 적외선은 일반적으로 700nm 이상의 파장을 가지는 빛으로 열 카메라 등을 통해 감지할 수 있다.

이처럼 우리 눈으로는 볼 수 없는 빛을 감지할 수 있는 동물들이 있다. 예컨대 벌은 자외선을 볼 수 있으며 일부 새는 적외선을 포함하여 우리가 느낄 수 없는 다양한 색을 인식한다.

3.
더하다;
색의 혼합

“미술 시간에 원하는 색의 물감이 없어서 서로 다른 두 색을 합쳐본 적이 있는가? 이를테면 파랑과 빨강을 합치면 보라색이 되고, 노랑과 파랑을 합치면 초록색이 된다. 이처럼 색은 서로 합쳐질 때 새로운 색으로 거듭난다. 그렇다면 색을 혼합하는 방법으로는 무엇이 있는지 함께 알아보자.”

색 혼합

색 혼합은 두 가지 이상의 색을 섞어서 새로운 색을 만드는 과정이다. 혼합은 크게 가산 혼합과 감산 혼합으로 나뉜다.

가산 혼합 *Additive mixing*

가산 혼합은 빛의 혼합으로, 빨강(Red), 초록(Green), 파랑(Blue)의 세 가지 기본색의 빛을 이용하여 혼합하는 것이다. 이 세 가지 기본색을 더할수록 색이 밝아지며, 모두 섞으면 흰색이 만들어진다. 무대 조명 등에 많이 활용된다.

빨강(Red) + 초록(Green) = 노랑(Yellow)

빨강(Red) + 파랑(Blue) = 자홍(Magenta)

초록(Green) + 파랑(Blue) = 청록(Cyan)

> 빨강(Red), 초록(Green), 파랑(Blue)은 빛의 3원색(RGB)입니다.
> 이 세 가지 빛의 밝기와 혼합 정도에 따라
> 우리가 원하는 모든 색을 만들 수 있습니다.
> 빛은 혼합할수록 눈에 들어오는 빛의 양이 증가하기 때문에
> 원래 색보다 밝아집니다.

감산 혼합 *Subtractive mixing*

감산 혼합은 청록(Cyan), 자홍(Magenta), 노랑(Yellow)의 세 가지 기본색을 사용한다. 이 세 가지 기본색을 섞으면 색이 어두워지며, 모두 섞으면 검은색이 만들어진다. 컬러 인쇄나 수채화 등에 많이 활용된다.

청록(Cyan) + 자홍(Magenta) = 파랑(Blue)

노랑(Yellow) + 청록(Cyan) = 초록(Green)

검정(Black) + 자홍(Magenta) + 청록(Cyan)

= 짙은 회색(Dark Gray)

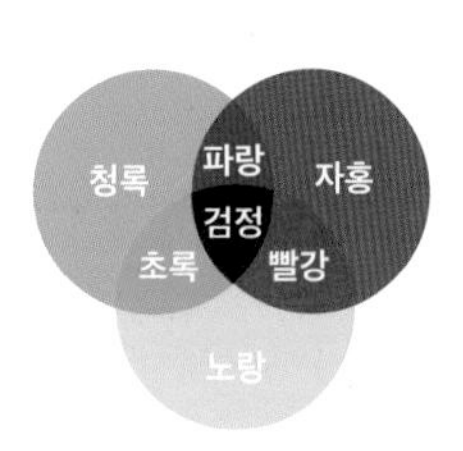

청록(Cyan), 자홍(Magenta), 노랑(Yellow)은 색의 3원색(CMY)입니다.
삼원색을 섞으면 다양한 색깔을 표현할 수 있는데
색의 삼원색은 섞을수록 어두워집니다.

중간혼합

색료를 직접 섞지 않고도 실제로 혼합된 것처럼 보이는 시각적 혼색 효과를 뜻한다.

중간혼합은 명도·채도·색상의 변화를 보이며 색의 면적 비율이나 관찰되는 환경 조건 등에 따라 다르지만, 중간혼합에서 나타난 색의 명도는 원래 색의 명도보다 약간 밝거나 중간 정도이며 채도 등은 원래 색의 평균치 정도로 표현된다.

병치혼합

서로 조밀하고 가깝게 배치된 두 가지 이상의 색이 혼색되어 보이는 효과로 모자이크, 직물, 망판인쇄 등이 대표적인 예다.

채도를 떨어트리지 않으면서 중간색을 얻을 수 있다.

회전혼합

두 가지 이상의 색을 빠르게 회전시켰을 때 색이 혼합되어 보이는 것으로, 바람개비나 팽이 위의 색이 섞여 보이는 경우를 뜻한다.

유채색과 무채색의 혼합은 평균 채도로 보이고, 보색이나 준 보색은 무채색으로 보인다.

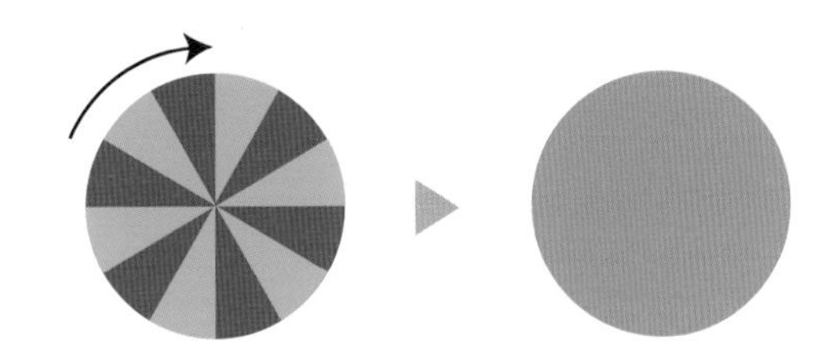

Plus 3. 과학이 만드는 색 1; 디스플레이

디스플레이는 빛을 이용하여 색을 만들어낸다.

과거에 사용된 흑백 TV는 검은색과 흰색을 비롯한 회색 조의 색상만을 표현할 수 있었다. 빛의 가산 혼합을 사용하지 않고 단색 신호만을 처리하기 때문에 흑백 화면이 출력되는 것이다. 반면, 컬러 TV는 빨강, 초록, 파랑(RGB)의 픽셀을 기본색으로 사용하고, 이를 조합하여 다양한 색상을 표현한다. 따라서 컬러 TV는 흑백 TV에 비해 다양한 색상을 표현할 수 있어 더욱 생생하고 선명한 화면을 보여준다.

OLED 디스플레이

CRT (Cathode Ray Tube), 브라운관

컬러 TV의 초기 기술로, 전자빔을 화면에 쏘아 빛을 만들어내는 방식으로 동작한다. 화면에 분포된 형광물질에 전자빔이 충돌하면 RGB의 빛을 만들어 내고, 이 빛의 가산혼합에 의해 조정된 색이 화면에 출력된다.

PDP (Plasma Display Panel)

플라즈마 현상을 이용한 디스플레이이다. 플라즈마란, 에너지가 높은 물질의 상태로, +,- 전하가 골고루 분포된 중성을 띄는 기체가 나타나는 현상이다.

기체 튜브가 촘촘히 박혀있는 화면에 전기가 통하면 플라즈마 현상이 일어나고, 이때 발생한 자외선이 형광물질에 충돌하여, 우리 눈에 보이는 가시광선의 빛을 만들어 낸다.

LCD (Liquid Crystal Display)

CRT에 비해 화면의 크기가 크고 해상도가 높다.

액체와 고체의 중간 특성을 가진 액정의 성질을 이용한다. 액정은 온도 변화에 따라 상태가 바뀌는데, 이를 이용해 빛을 차단하거나 통과시켜 다양한 색을 화면에 나타낸다.

LED (Light Emitting Diode)

외부의 빛을 활용하는 이전의 기술과는 달리, 직접 빛을 내는 물질인 '자체 발광 소자'를 액정에 내장하고 있다. 이를 통해, 더욱 선명한 색과 빠른 응답시간을 제공한다.

OLED (Organic Light Emitting Diode)

기존 LED와 달리, 유기 화합물인 OLED를 사용하여 광선을 직접 발생시키는 방식으로 동작한다. 이를 통해 더욱 깊은 검은색과 생생한 색상, 빠른 응답 속도 등의 장점을 제공한다.

픽셀과 해상도

픽셀(Pixel)은 화면의 가장 작은 단위를 가리킨다. '픽셀'이란 용어는 'Picture Element'의 줄임말로, 디지털 이미지나 디스플레이에서 하나의 작은 점을 나타낸다.

해상도(Resolution)는 화면에 표시되는 픽셀의 수를 뜻한다. 일반적으로 해상도는 가로와 세로의 픽셀 수를 나타내는데, 예를 들어 '1920 x 1080'은 1,920개의 가로 픽셀과 1,080개의 세로 픽셀로 이루어진 해상도를 의미한다. 해상도가 높을수록 더 많은 픽셀이 존재하므로 더욱 선명하고 정확한 이미지를 볼 수 있다.

4.
느끼다;
색의 인식

"색은 우리가 바라보는 세상을 인식하기 위한 기본 요소 중 하나다. 우리는 갓 차려진 음식을 볼 때, 신호등을 보며 길을 건널 때, 하늘을 보며 날씨를 판별할 때 등 일상 속에서 늘 사물과 함께 표현된 색을 인식한다. 맛이나 냄새처럼 색도 우리 뇌에서 받아들이는 주관적인 감각이다. 그렇다면 우리가 어떻게 색을 받아들이는지 함께 알아보자."

눈으로 보는 색

색 인식 3요소

우리가 색을 인식하기 위해서는 빛(광원), 물체(반사체), 눈(반사된 빛을 인식) 3가지가 필요하다. 이 3가지를 색 인식 3요소라고 한다.

광원에서 나온 빛을 물체가 반사한 후 우리 눈에 도달하면 뇌가 물체의 색을 인식한다. 눈에 들어온 빛이 망막에 맺히면 시각세포는 밝은 빛을 감지해 색을 구별하고 이를 신경신호로 바꾼다. 신경신호가 시각중추로 전달될 때 우리 눈이 색을 인식하는 것이다.

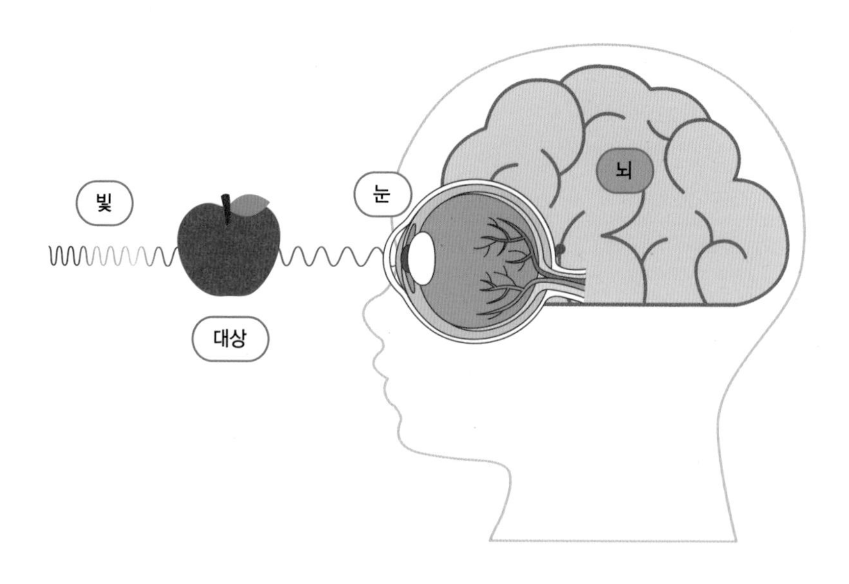

입체로 보이는 색

우리 눈은 빨강과 파랑을 인식하는 데 가장 민감하다. 빨강과 파랑 필터를 사용하여 3D 이미지를 보면, 빨간색 필터가 부착된 렌즈를 통해 보이는 이미지와 파란색 필터가 부착된 렌즈를 통해 보이는 이미지가 서로 다르다. 이러한 차이로 인해 입체적인 효과가 만들어진다. 오늘날 디지털 3D 기술은 전자적으로 이미지를 처리하여 왼쪽과 오른쪽 눈에 각각 다른 이미지를 제공하여 입체적인 효과를 일으킨다.

분홍색은 빛의 속성에 포함되어 있지 않다. 그러나 붉은색 빛과 파란색 빛이 섞이면 분홍색이 만들어진다. 이러한 빛의 혼합은 우리 눈이 원추세포 3가지 색을 기본으로 해서 넓은 영역의 파장을 인식할 수 있기 때문이다. 뇌는 빛의 혼합에 대한 조합을 실행하고 색을 구현한다. 따라서 우리는 뇌가 만들어내는 이미지를 보고 있다고 할 수 있다.

다르게 느껴지는 색; 색약, 색맹, 색각이상

사람마다 색을 구분하는 능력이 다르기에 색의 밝기나 진하기를 인식하는 정도에서 차이가 날 수 있다. 이중 색에 대한 감각이 저하돼 특정한 색을 인식하는 데 어려움을 느끼는 경우를 '색약'이라고 하고, 특정 색을 알아볼 수 없는 경우를 '색맹'이라고 한다. 색약은 색이 다소 다르게 보이는 정도지만, 색맹은 몇 가지의 색으로만 세상을 볼 수 있다.

보통의 사람이라면 빨강, 초록, 파랑으로 구성된 3가지의 단색광을 잘

구분할 수 있지만, 색각이상은 3가지 색상을 명확히 구분하는 데 한계가 있다. 통계적으로 여성보다 남성에게 더 높게 나타난다고 한다.
색각이상은 일상에서 일부 불편함을 느낄 수 있으나 오늘날에는 특별한 안경이나 렌즈를 사용하여 색을 더욱 명확하게 인식할 수 있게 됐다. 최근에는 색깔 대비를 높이거나 명도를 크게 높이는 등의 방법으로 모든 사람이 색 분간에 어려움이 없도록 '컬러 유니버설 디자인'을 적용하기도 한다.

색각이상이 남성에게 높게 나타나는 이유

색각이상은 남성의 비율이 월등히 높은데 X염색체와 관련하여 발현되기 때문이다.
X염색체가 2개인 여성은 1개가 이상으로 발견되더라도 나타나지 않는 경우가 많지만, 남성은 X염색체가 1개이기 때문에 색각이상이 나타날 확률이 상대적으로 높다.

Plus 4. 과학이 만드는 색 2; 레이저

레이저의 색은 빛의 파장에 따라 결정된다. 일반적으로 레이저는 단일 색깔의 빛을 발산하기 때문에 특정한 색깔의 레이저를 사용할 때는 그 색깔에 해당하는 파장을 발산하는 레이저를 사용해야 한다.

가장 일반적인 레이저 색깔은 빨강, 초록, 파랑이다.

빨간색 레이저는 일반적으로 헬륨-네온 기체를 사용하여 발생하며, 파란색 레이저는 블루 레이(Blue Ray) 디스크나 발광다이오드(Light Emitting Diode)에 사용된다.

초록색 레이저는 일반적으로 이산화탄소(Carbon Dioxide) 레이저로 사용된다.

이외에도 레이저는 발산하는 파장에 따라 더욱 다양한 색깔을 가질 수 있다. 예를 들어 자외선 레이저는 보이지 않는 자외선 영역의 파장을 발산한다. 최근에는 레이저 발생 기술의 발전에 따라 더욱 다양한 색깔의 레이저가 개발되고 있다.

레이저의 이용과 미래의 레이저

레이저는 많은 분야에서 활용된다. 먼 거리까지 정보손실 없이 정보를 주고받을 수 있는 인터넷 통신(광통신), 레이저프린터, 위조를 방지하기 위해 지폐나 수표에 들어가는 홀로그램, 정밀한 거리 측정, 백화점이나 마트에서 바코드를 읽어 상품의 정보를 판독하는 일에도 레이저가 쓰인다.

또한, 레이저는 시력이 나쁜 사람을 안경에서 해방시켜주는 라식 수술, 흉터, 사마귀, 종양 등의 제거 수술, 치과에서 사용하는 무통 치료, 문신 제거, 금속을 절단하거나 용접하고 구멍 뚫는 작업, 상품 가치를 높이고자 과일에 레이저로 그림과 글자를 새기는 일, 명화의 얼룩 제거, 젖병의 구멍 뚫기, 군사용 무기까지 다양한 분야에서 사용되고 있다.

가장 센, 가장 빠른, 가장 작은 레이저를 만들기 위해 오늘도 노력하는 과학자들 덕분에 출력값이 높은 레이저, 매우 빠른 속도로 빛을 뿜어내는 레이저, 머리카락보다 작은 레이저 등이 활발히 연구되고 있다.

2부

색, 예술을 빚다

1.
안료의
역사

"인간이 색을 다룬 역사는 무척이나 오래되었다. 색은 우리 삶에서 빼놓을 수 없는 부분이기 때문이다. 특히 예술에서 색은 작품을 창의적으로 만들어내는 가장 중요한 요소다. 옛날 사람들은 색을 어떻게 활용했으며 어떤 색을 사랑했는지 살펴보자."

최초의 안료

오커 *Ochres*, 황토색

인류가 사용한 최초의 안료.

고대에는 천연 광물을 땅에서 줍거나 채굴하여, 단단한 돌에 빻아 가루로 만든 뒤 물과 섞어 물감으로 썼다. 이렇게 만든 오커로 그린 그림은 지금도 세계 곳곳에 동굴벽화로 남아있다. 오커는 철 성분을 함유하고 있어서 굽기 정도에 따라 노랑, 빨강, 갈색의 안료를 만들 수 있었다.

오커

본 화이트 *Bone white*, 흰색

인류가 물질을 가공하여 만든 최초의 안료.

동물의 뼈를 태워 만들었다. 불에 뼈를 넣어 재로 변할 때까지 완전히 태우면 하얀 안료를 얻을 수 있었다. 어떤 종류의 뼈로도 만들 수 있지만, 특정한 뼈로 만든 안료에 새로운 이름을 붙이기도 했다. 예를 들어, '하트숀 화이트(hartshorn white)'는 사슴뿔로 만든 안료로, 매년 겨울 사슴이 뿔갈이를 하여 땅에 떨어뜨린 뿔을 모아 태워서 만들었다고 한다.

동물뼈

고대 시대의 색

이집션 블루 *Egyptian blue*, 파란색

인류가 화학적 반응으로 만든 최초의 안료.

이집트에서는 파랑은 하늘의 색이라고 여길 만큼 귀한 색이었다. 다만 파란 광물은 희귀하여 구하기가 쉽지 않았다. 그래서 이집트인들은 오랜 연구 끝에 파란 안료를 합성하는 방법을 고안해냈다.

이집션 블루

오피먼트 *Orpiment*, 황금색

가장 황금색에 가까운 안료.

독성이 매우 강한 황화비소로 이루어져 있어 로마에서는 노예를 시켜 오피먼트를 채굴하였다. 오피먼트는 리앨가(Realgar)라는 안료와 함께 '왕의 색'이라 여겨졌다. 중국에서는 오피먼트를 '여성적인 노랑'으로, 리앨가를 '남성적인 노랑'으로 불렀다.

오피먼트

고전 시대의 색

티리언 퍼플 *Tyrian purple*, 보라색

역사상 가장 고귀한 안료.

그리스 신화에 따르면 뿔소라를 씹어먹은 개의 입이 자주색으로 물든 것을 헤라클레스가 보고 발견했다고 한다. 뿔소라 한 마리로 한 방울의 염료만이 생산되어 매우 귀했고, 상위계층에게만 제공되었다.

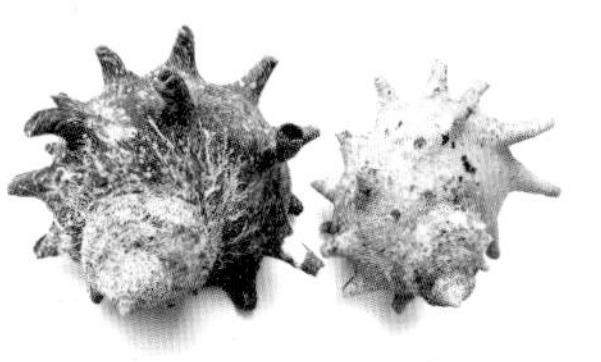

뿔소라

말라카이트 *Malachite*, 초록색

말라카이트가 발견되기 전까지 초록색 광물은 아주 희소하였다. 구리 광산에서 채굴한 말라카이트는 분쇄 정도로 선명도를 조절할 수 있다. 곱게 분쇄하면 연하고 투명한 색을 얻지만, 과하게 분쇄하면 거무스름한 탁한 색이 된다.

말라카이트

울트라 마린 *Ultramarine*, 파란색

금보다 비쌌던 안료.

'모든 색을 뛰어넘는 가장 눈부시고 아름다우며 완벽한 색'이라 여겨졌다고 한다.

라피스라줄리(Lapis lazuli)라는 광석을 갈아 만들며, 제조과정이 까다로운 탓에 성모 마리아처럼 중요한 인물의 조각상에 색칠하는 용도로만 사용되었다.

라피스라줄리

피치 블랙 *Peach black*, 검은색

복숭아씨를 태워 만든 안료.

탄화하면 생기는 그을음을 모아 만든 일반적인 검은 안료와 달리, 원료의 화학성분이 검은빛을 내는 것이 특징이다. 불투명하고 짙은 푸른빛을 띠는 피치블랙은 타르 성분 때문에 건조가 어려워 유화보다는 수채화에 주로 쓰였다.

복숭아씨

Plus 5. 진주 귀걸이를 한 소녀

요하네스 베르메르(Johannes Vermeer)의 걸작 '진주 귀걸이를 한 소녀'에 많은 이들이 매료된 이유가 무엇일까?
진주 귀걸이를 한 소녀가 머리에 두른 터번은 당시 귀한 안료였던 울트라마린으로 색칠되어 있어 '이 소녀는 어떤 인물일까?' 하는 묘한 신비로움을 불러일으킨다.
소설 『진주 귀걸이를 한 소녀』에서 그림 속 소녀는 베르메르의 하녀로 등장한다. 소녀의 섬세한 감각을 눈여겨본 베르메르는 물감을 섞거나 안료 만드는 방법을 알려주고 그림 작업을 돕도록 한다.

2.
색을 연구한 사람들

"오늘날 체계화된 색의 정리에 이를 수 있었던 건 수많은 학자가 색의 원리를 궁금해하고 진실을 밝히려고 애써왔기 때문이다. 그중 색에 대한 기존의 생각을 전환한 인물들의 재미난 에피소드를 들여다보자."

뉴턴

어두운 방에서 뉴턴은 좁은 틈으로 들어오는 한 줄기 빛이 프리즘을 통과하여 반대편 벽에 여러 가지 색으로 펼쳐지는 것을 발견하였다. 벽에 펼쳐진 색을 보고, 빛이 원래 몇 개의 색일지 고민에 빠진 뉴턴은 음악의 7음계에서 영감을 얻어 빨주노초파남보의 7가지 색으로 구분한다.

이렇게 뉴턴은 흰색 빛이 한 가지 색이 아니라, 여러 색이 섞여 있다는 것을 처음으로 밝혀냈다.

"빛의 색은 아무것도 아니다.
그저, 우리가 볼 뿐이다."

괴테

괴테는 빨간 옷을 입은 소녀가 눈앞에서 사라진 뒤 일시적으로 푸른 옷을 입은 소녀가 보이는 현상을 우연히 경험한다. 이를 신기하게 여긴 것을 계기로 색의 보색 관계를 밝혀냈다. 빨주노초파남보 7원색을 주장한 뉴턴과 달리 괴테는 빛의 3원색인 빨강, 노랑, 파랑에 각각의 보색인 초록, 보라, 주황을 더하여 6원색을 주장했다.

"내 생애 최대 업적은 '색채론'이다."

색상환(color wheel)
Johann Wolfgang von Goethe

슈브뢸

직물을 염색하는 공장에서 일하던 슈브뢸은 천의 색이 우중충하다는 항의를 받고 그 원인을 찾아 나섰다. 오랜 연구 끝에 그는 천의 색이 우중충한 이유가 천 자체의 질이 나빠서가 아니라 주변 색의 영향으로 인해 다르게 느껴지는 것이라는 결론을 내렸다. 이를 바탕으로 그는 '색의 대비' 현상을 세상에 발표하였고, 그의 이론은 색으로 모든 것을 표현하는 화가들에게 많은 영향을 끼쳤다.

"어떤 색도 다른 색 곁에서
본래의 색으로 지각되지 않는다."

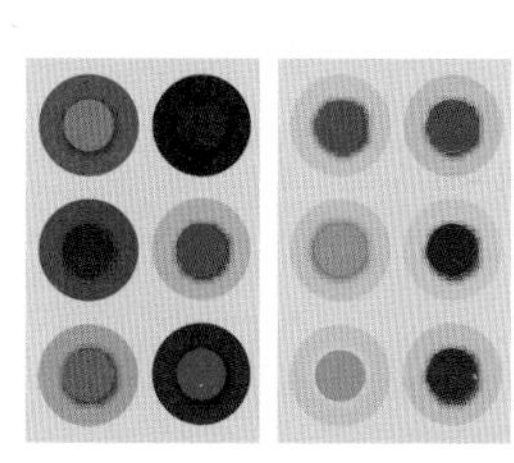
동시 색상대비의 법칙
(Laws of Simultaneous Contrast)
M.E. Chevreul

맥스웰

어려서부터 과학을 좋아했던 맥스웰은 대학교에 입학한 열여섯 때부터 색에 관심을 가지고 여러 가지 색 실험에 동참하였다.

그는 회전혼합 실험을 하던 중 색 원판의 회전하는 색들이 서로 겹쳐 다른 색처럼 보인다는 점을 깨달았다. 이러한 사실을 바탕으로, 단색 필터로 사진을 찍은 뒤 위아래로 겹쳐 보면 컬러 사진을 만들 수 있겠다고 생각했다. 그 결과 완벽하지는 않더라도 단색 사진이 아닌 여러 색이 있는 컬러 사진의 형태를 처음 구현하는 데 성공했다. 이것이 우리가 알고 있는 최초의 컬러 사진이다.

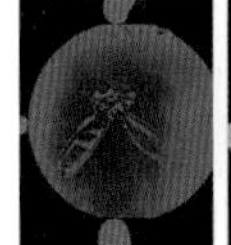
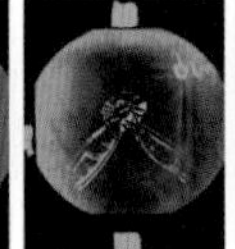
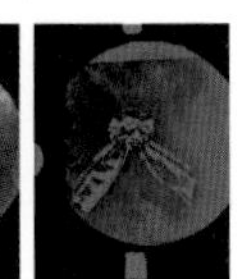

<단색 필터로 찍은 것>

<필터를 겹친 것>

Plus 6. 색과 공감각

어떤 사람들은 색을 볼 때 소리 또는 향기를 동시에 느낀다. 이렇듯 하나의 감각이 다른 영역의 감각을 불러일으키는 현상을 공감각(Synesthesia)이라고 부른다. 공감각 중에서, 소리를 들을 때 색상을 동시에 느끼는 경우를 색청(色聽, Coloured hearing)이라고 한다.

법조계 출신의 칸딘스키는 우연히 음악을 듣다가 "내 영혼에서 갖가지 색을 보았다"라며 그림을 그리기 시작하였고, 결국 그는 감정을 표현하는 추상화의 대가로 거듭났다.

뛰어난 공감각자 중 한 명인 물리학자 리처드 파인만은 "방정식을 볼 때 기호들이 색깔을 띠며 날아다니는 것처럼 보인다. 이러한 공감각 덕분에 수학이나 물리 공식을 헷갈리지 않는다"라고 말했다. 이러한 공감각의 능력을 지닌 인구는 세계적으로 약 1% 내외라고 한다.

칸딘스키의 추상화 Composition Ⅷ (1923)

3.
예술가들이 사랑한 색

"뭉크, 모네, 피카소…. 개성 있는 화가들은 심리 상태나 환경에 따라 저마다 특정한 색을 즐겨 쓰거나 고집하곤 했다. 그들이 좋아하는 색은 무엇이었으며 그 색에는 어떤 의미가 담겨있는지, 우리에게는 어떤 감각을 불러일으키는지 알아보자."

강렬한 빨강

'색으로 시를 썼다'라는 평을 받는 에드바르 뭉크는 불타는 것 같은 붉은색 하늘을 그려 불안과 우울 등의 감정을 주로 표현하였다. 빨강은 소방차나 적색경보, 스포츠의 레드카드처럼 위험이나 경고를 상징한다. 그런가 하면 장미나 하트 표시처럼 사랑을 의미하기도 한다. 화가 나면 얼굴이 붉게 달아오르는 것처럼 분노나 공격성을 상징하기도 한다.

문서에 중요한 단어를 빨강으로 강조하는 관습은 고대 이집트에서부터 찾아볼 수 있다. 영국에서는 원래 초록색이었던 우체통에 사람들이 자꾸 부딪치자 1874년부터 빨간색으로 바꾸어 사고를 줄였다. 이렇듯 빨간색은 강렬함의 의미로 아주 옛날부터 활용되었다.

뭉크 '절규'

왕족이 사랑한 보라

클로드 모네는 '바이올렛 마니아'라고 불릴 만큼 보라색을 작품에 많이 활용했다. 특히 신선한 공기를 보랏빛으로 표현하며 "진정한 대기의 색은 보라색이다"라는 말을 남기기도 했다.

16세기 영국에서 보라색 비단은 오직 왕과 직계 가족에게만 허락되었다. 왕족이 관대함을 베풀 목적으로 사냥 동지들에게 보라색을 입는 것을 허락하기도 했지만, 이런 후사는 아주 특별한 경우였다.

일본에서도 짙은 보라색을 칭하는 '무라사키'는 수 세기 동안 평민들에게는 금지된 색이었다. 오직 높은 지위의 관리만이 짙은 보라색 모자를 쓸 수 있었고, 두 번째로 높은 지위는 옅은 보라색을 착용하도록 했다. 이렇게 동서양을 막론하고 보라색은 귀한 색으로 여겨졌다.

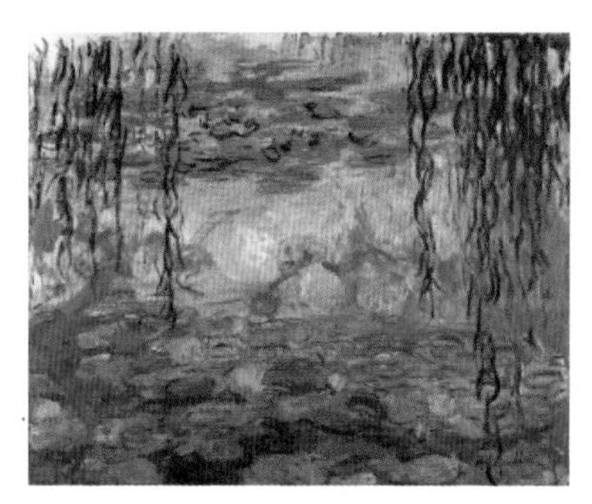

모네 '수련'

우울한 *Feeling blue* 파랑

동생과 친구의 죽음을 동시에 겪은 청년 피카소는 우울함만 남은 상태를 푸른색으로 표현하였다. 1901년부터 1904년까지 그려진 피카소의 작품은 온통 푸른빛이어서, 이 시절을 피카소의 '청색시대'라고 부른다.

19세기 중반 미국 문학에는 '우울한(feeling blue)'과 '의기소침한(to have the blue devils)'이란 표현이 자주 등장한다. 또한 'feel blue' 또는 'we have the blues'는 우울하고 울적할 때를 가리키는 관용구다. 이처럼 사람들은 파란색을 우울과 연관 짓곤 했다. 여기에는 사람이 죽으면 입술이 파랗게 변한다거나 선장을 잃은 범선이 항구로 돌아올 때 파란 깃발을 휘날리곤 했다는 기원에서 유래했다는 설이 있다.

피카소 '늙은 기타리스트'

자연을 상징하는 초록

수 세기 동안 선명하고 변치 않는 자연의 색을 얻기란 난제였다. 15세기 얀 반 에이크가 최초로 초록빛을 선명하게 표현해내며 녹색 회화의 걸작을 탄생시켰다.

선명한 초록색은 자연과 농촌처럼 소박하고 평화로운 것들을 연상시키며 자연 친화적인 느낌을 준다. 덕분에 초록색은 환경보호나 환경운동과 같이 자연을 상징하는 색으로 활용되고 있다.

얀 반 에이크 '아르놀피니 부부의 초상화'

고흐의 걸작들은 색이 전부라 할 만큼 중요한데, '밤의 카페테라스', '해바라기', '별이 빛나는 밤' 등 대부분의 작품에서 노란색이 인상적으로 쓰였다.
노란 동그라미에 웃는 표정인 스마일 마크는 기분 좋음을 표현하는 대표적인 그림이다. 이 스마일 마크는 한 회사에서 직원의 사기를 높이고자 제작한 상징물에서 비롯됐는데, 의뢰를 받은 디자이너는 고민 없이 노란색을 선택했다고 한다.

빈센트 반 고흐 '밤의 카페테라스'

고독한 갈색

오노레 도미에의 '3등 열차'는 커다란 투쟁과 봉기에 휩싸인 19세기 프랑스를 배경으로 삼은 그림이다. 화가는 온통 고독과 우울함에 둘러싸여 있던 빈곤층의 일상을 칙칙한 갈색을 통해 드러냈다.

14세기 영국에서는 하층 계급은 갈색 집에서 살아야 한다는 법이 제정되었다. 또한 '사치 금지령'이 떨어져 백성들은 옷을 함부로 살 수 없었고 오직 적갈색의 모직 천으로 된 옷만 입도록 허락되었다.

19세기 여러 문학 작품에서 발견할 수 있는 '브라운 스터디 brown study'라는 표현은 영국, 미국의 방언으로 우울감과 고독한 상념을 나타낸다.

오노레 도미에 '3등 열차'

보석보다 귀한 금색

클림트의 작품 '키스'는 금박과 금색 물감을 자주 사용하였던, '황금 시기(1907~1908년)'의 대표작들 가운데 하나이다. 그는 이 작품에 여덟 종류의 금박을 사용하여 다채로운 효과를 내고 모양이 다른 금판과 금박의 두께에 변화를 주어 다양한 빛의 반사를 만들어냈다.

색소가 아닌 순수한 금속의 색은 신과 왕족을 기리는 데 사용되었다. 이집트에서는 파라오를 상징하는 모든 것을 금으로 장식했으며, 그리스인들은 신의 형상에 금을 입혔고, 로마인들은 신과 영웅의 조각상에 금을 추가했다.

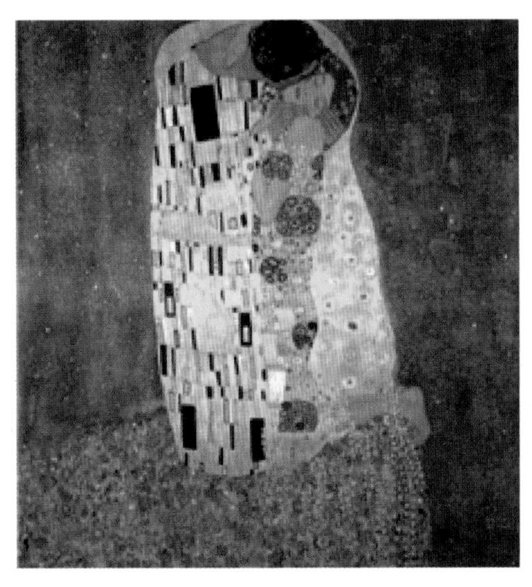

클림트 '키스'

이중섭의 작품 '흰 소'에서, 하얗게 칠해진 흰 소는 순수함과 천진난만함을 암시하며 밝은 미래에 대한 희망을 상징적으로 나타낸다.
순수함과 청결함을 나타내기 위해 출시된 새하얀 비누, 순수와 순결의 상징인 신부의 새하얀 드레스처럼 많은 문화권에서 흰색은 순수, 청결, 희망과 관련이 있다.

이중섭 '흰 소'

절망의 회색

현대 예술에서 회색을 가장 강력하게 사용한 사례는 파블로 피카소의 작품 '게르니카'이다. 나치 독일 공군이 스페인 게르니카 마을을 융단 폭격했다는 기사를 읽고 떠오른 영감으로 작업한 '게르니카' 속 회색의 거무스름한 어둠에서는 절망이 느껴진다.

회색을 칙칙하고 음산한 이미지와 연관시킨 기록은 언어 표현에서도 찾아볼 수 있는데 아이슬란드어로 '그라우르(grar)'는 회색을 나타내는 동시에 악의적이고 사악하고 적대적이라는 의미를 내포한다. 이렇듯 회색은 우울한 날씨, 안개, 콘크리트와 시멘트가 음산한 분위기를 풍기는 도시풍경 등 기분을 처지게 만드는 수많은 것을 연상시킨다.

피카소 '게르니카'

검은색은 정말 단색일까요?

제임스 휘슬러는 '회색과 검은색의 배열; 휘슬러의 어머니'라는 그림에서 어머니를 표현하기보다 검정, 회색, 흰색의 배열에 집중하였다. 작품 전체에서 우러나오는 균형과 조화를 추구했고, 부제 '회색과 검정의 배열'에서도 그 의도가 드러난다.

일본의 어느 유명한 화가는 검은색이 전혀 단순하지 않다며, 다음과 같이 검은색을 설명하기도 한다.

'낡은 검은색과 신선한 검은색'

'광택이 흐르는 검은색과 광택이 없는 검은색'

'햇빛을 받은 검은색과 그늘 속의 검은색'.

여러분이 생각하는 검은색은 어떤지, 주변을 둘러보고 나만의 방식으로 표현해보자.

제임스 휘슬러 '화가의 어머니'

Plus 7. 반타블랙

완벽한 검은색이라 불리는 반타블랙은 빛을 거의 99.96% 이상 흡수한다. 마치 울창한 숲처럼 무수히 많이 배열되어 있는 탄소나노튜브가 빛을 반복적으로 흡수해 가둬버리기 때문이다. 이러한 특성 때문에 입체구조물에 반타블랙을 칠하면 우리 눈은 물체의 굴곡을 느끼지 못하고 마치 평면인 것처럼 인식한다. 반타블랙은 빛의 차단이 핵심적인 기술이 되는 우주 망원경이나 인공위성 등 항공우주 연구에도 활용되고 있다.

2014년 영국의 서리 나노시스템이 개발한 반타블랙은 그 특성상 전 세계적으로 주목을 받았다. 한편 2016년 반타블랙의 매력에 빠진 예술가 아니쉬 카푸어는 거액을 주고 반타블랙의 '예술적 사용 권한'을 독점했다. 이에 전 세계 예술가들은 표현의 자유를 침해하는 행위라며 카푸어를 맹비난하였고, 이후 과학자들과 예술가들이 힘을 모아 반타블랙과 흡사한 블랙 2.0, 블랙3.0 등을 개발해 냈다. 새로 개발한 검은색에는 오직 카푸어만 사용할 수 없음을 명시했다고 한다.

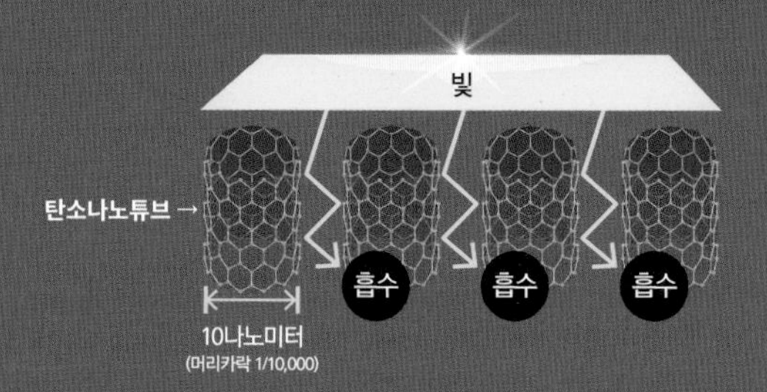

4.
마술 같은 색

"색은 빛의 자극에 의해 만들어지지만, 그 색을 인식하는 일은 우리 눈과 뇌의 몫이다. 자극이 인지되는 순간 색을 만드는 주체는 '우리'가 되는 것이다.

'주변을 비추는 밝은색', '뚜렷한 감각을 이끄는 어두운색' 처럼, 밝음과 어둠의 상호작용에 의해 우리가 느끼는 색채 변화에 주목해보자."

보색대비 *complementary contrast*

초록 잎 사이에 빨갛게 익은 사과가, 또 파란 바다 위 노란 배가 선명하게 잘 보이는 이유는 보색대비(Complementary contrast) 현상 때문이다. 보색 관계에 있는 색을 나란히 두고 볼 때, 우리 눈에는 두 색에 대한 잔상이 남아 각각의 색이 더욱 강렬하고 선명해 보이는 것이다.

아래의 초록 여우를 10초간 쳐다본 후 멀리 흰 벽으로 눈을 옮기면, 빨간 여우가 나타남을 알 수 있다. 이처럼 특정한 색을 쳐다본 다음 흰 벽으로 눈을 돌리면 보색이 보이는 현상을 보색잔상이라고 한다.

색상대비 *Hue contrast*

아래 두 그림의 가운데 블록은 같은 색일까? 다른 색일까?
주변의 색 때문에 똑같은 것이 서로 다른 색으로 보이는 현상을 색상대비라고 한다.

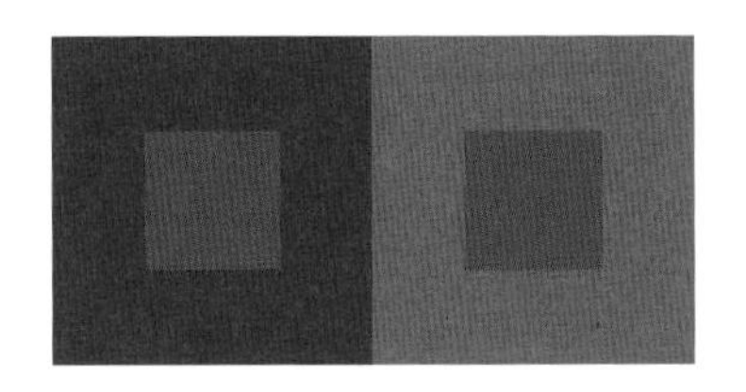

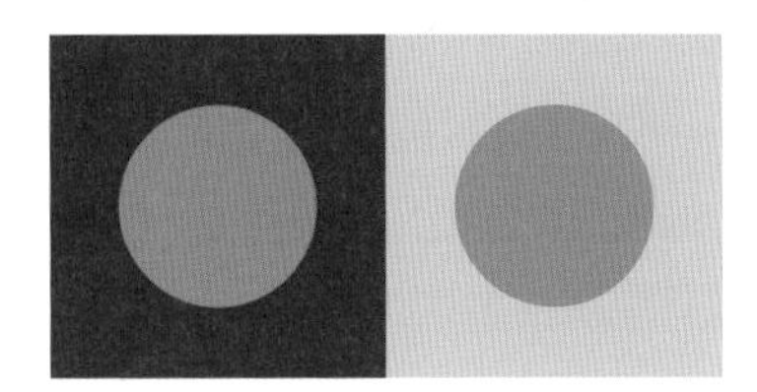

명도대비 *Luminosity contrast*

가운데 회색블록은 같은 색일까? 다른 색일까?
명도 차이가 나는 두 색을 대비할 때, 서로의 영향으로 색의 밝기가 다르게 보이는 현상을 명도대비라고 한다. 이러한 현상은 명도 차이가 클수록 더 강하게 나타난다.

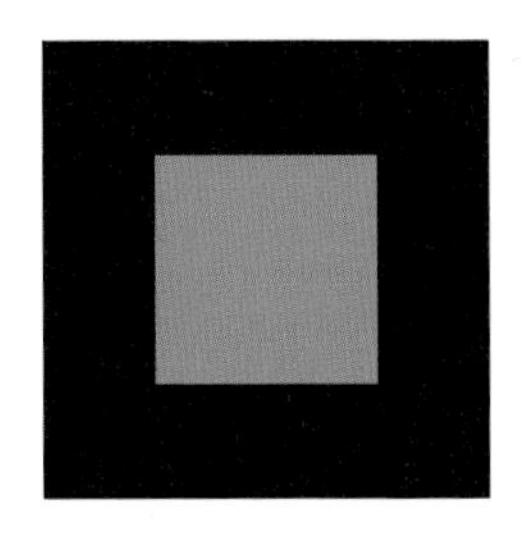

한난대비 *Warm & Cool contrast*

한색(cool color)은 색 상환에서 초록, 파랑, 보라 근처에 존재하는 차가운 느낌의 색이다.

난색(warm color)은 색 상환에서 빨강, 주황, 노랑 근처에 존재하는 따뜻한 느낌의 색이다.

한난대비는 한색과 난색이 함께 있을 때 서로의 온도가 더 극대화되는 현상을 뜻한다.

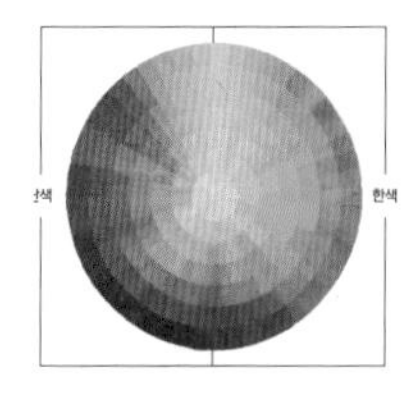

한난대비

강한 난색들 사이에서
차갑게 느껴지는
난색구성

강한 한색들 사이에서
따뜻하게 느껴지는
한색구성

연변대비 *Boundary contrast*

연변대비는 색과 색이 맞닿는 부분에서 명도와 채도가 더욱 강하게 일어나는 현상이다. 이러한 연변대비는 정사각형 사이의 흰 부분이 교차하는 지점에 희미한 점이 나타나는 착시현상을 일으킨다. 이것은 교차하지 않는 부분보다 교차점에서 명도대비의 현상이 약하게 일어나기 때문이다.

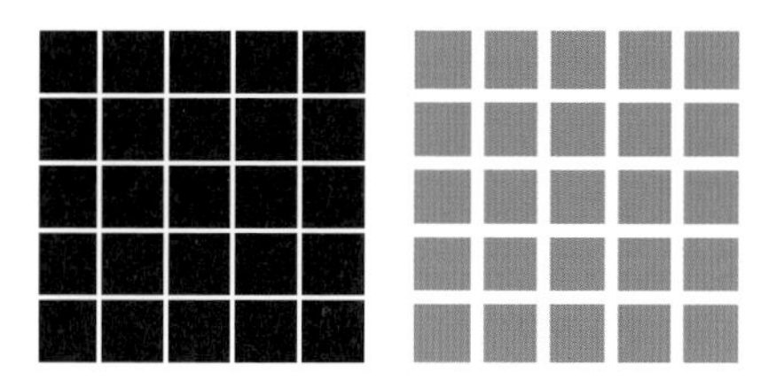

면적대비 *Area contrast*

같은 색에 대해 면적이 넓을수록 선명해 보이고, 면적이 좁을수록 연하게 보이는 현상을 면적대비라고 한다.

채도대비 *Chromatic contrast*

주변 색의 선명도(채도)에 따라, 같은 색이 선명해 보이거나 탁해 보이는 현상을 채도대비라고 한다.

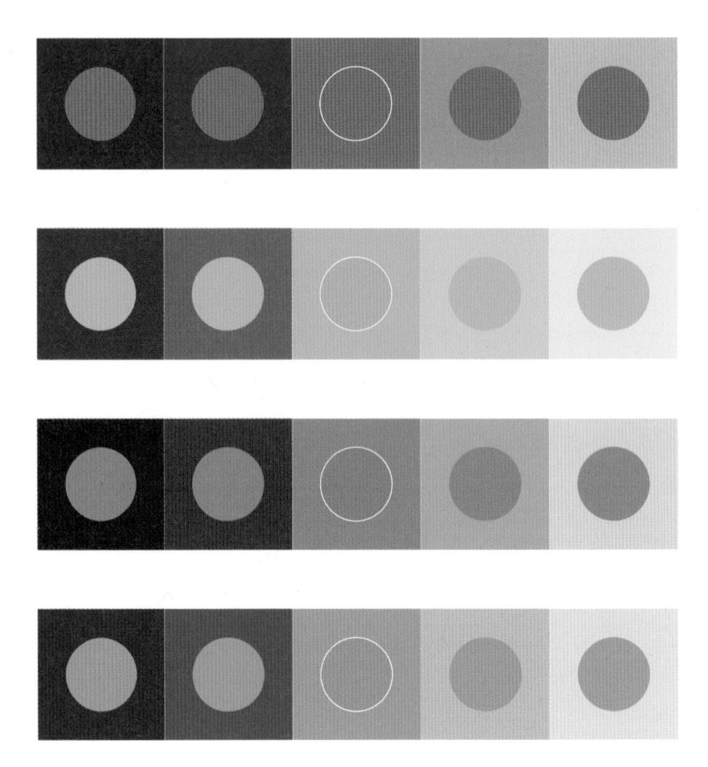

Plus 8. 팬톤 컬러

컬러연구소인 팬톤은 분류가 애매모호한 색에 이름을 붙여 색의 기준을 만들어내는 곳이다.
팬톤에서 표준화한 컬러를 팬톤 컬러라고 하며, 건축이나 패션 등 다양한 디자인 산업에서 활용되고 있다. 팬톤 덕분에 디자이너들은 '핑크색'이라는 광범위한 표현 대신 '팬톤 18-1750' 또는 '비바 마젠타'와 같이 팬톤의 이름으로 색을 명확하게 구분할 수 있다.

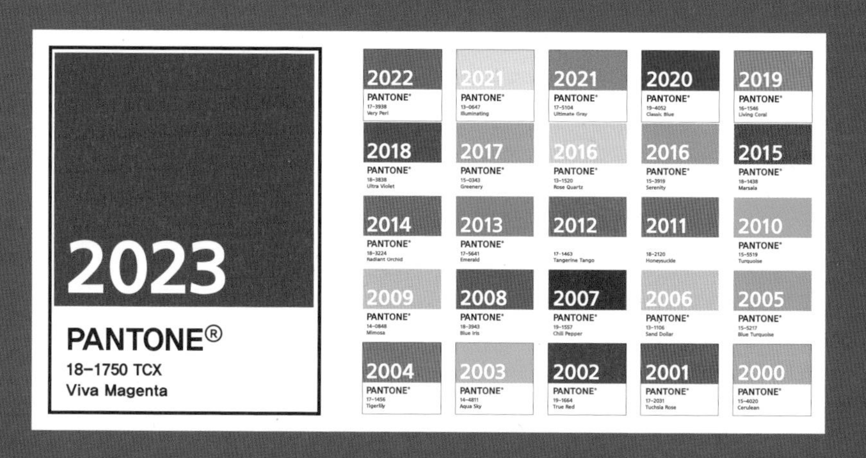

3부

색, 자연을 누리다

1.
광물과
색

"세상에는 수많은 물감이 있지만 자연에는 아직도 인간이 제대로 표현하지 못하는 색깔이 많다. 특히 흙에서 잠자고 있는 광물들은 여전히 대체할 수 없는 영롱함을 선사한다. 그런가 하면 형형색색으로 빛나는 보석들은 단순히 아름답다는 이유로 다른 돌덩이와 비견할 수 없을 만큼 값어치가 뛰기도 한다. 이번에는 색이 나는 광물을 알아보자."

형광광물

형광광물은 자외선이나 X-선을 받으면 빛이 나는 현상을 보이는 광물이다. 자연계의 광물 중 가장 다양한 색과 모양을 보이며 대부분 형광 특성을 띤다.
형광은 광물에 불순물로 들어있는 이온(Cr, Ti, U, Mn, Sn, Eu, Dy, Gd 등)이 흡수한 짧은 파장의 자외선이 긴 파장의 가시광선으로 전환되어 방출할 때 생긴다.
같은 종류의 광물이라도 일정한 색으로 나타나지 않는다. 예를 들면 순수한 방해석은 형광성을 가지지 않으나 칼슘 등의 이온들이 불순물로 함유되면 붉은색, 황색, 분홍색 등의 형광이 드러난다.
일반적으로 형광성을 잘 나타내는 광물로는 적색을 띠는 남정석, 녹황색의 오터나이트, 청백색의 회중석, 적황색의 쿤자이트, 녹색의 월레마이트 및 분홍색과 청색의 방해석 등이 있다.

보석광물

보석광물은 보석으로 가공되어 장신구로 사용되는 광물을 뜻한다.

보석의 아름다움은 색과 투명도뿐만 아니라 분산도 등 여러 광학적 성질에 의해 창출된다. 아름다운 색을 띠는 대표적인 보석 광물로는 루비, 사파이어, 에메랄드, 자수정 등이 있으며, 무색임에도 불구하고 빛을 분산시켜 아름답게 보이는 대표적인 광물로는 다이아몬드가 있다.

우리나라에서 산출되는 대표적인 보석으로는 자수정(울산광역시 울주군), 연옥(강원도 춘천시)이 있으나 현재는 거의 고갈된 상태다.

Plus 9. 탄생석(誕生石, birthstone)

탄생석은 태어난 달을 상징하는 보석이다. 1912년 미국 보석 가협회는 과거의 전통적인 탄생석을 현대적 보석의 개념에 맞게 일부 수정 개편하여 공식적으로 채택하였다.

1월 석류석(garnet) (장미석영)

석류석은 색과 모양이 석류나무 열매 속 알갱이와 비슷하다. 영어 이름은 라틴어의 '알갱이' 또는 중세 영어의 '진한 적색'이라는 뜻에서 그 이름이 유래되었다. 굳기는 6.5~7.5이며 색은 붉은색, 갈색, 노란색, 녹색 등 여러 색이 있고 투명하거나 반투명하다. 조흔색은 흰색이다.
석류석은 사랑, 진실, 우정, 정조를 의미하며, 열이 높아 생기는 질병의 빠른 쾌유를 돕고 전염병을 막아 준다고 한다. 그래서 석류석으로 목걸이를 만들어 걸고 다니면 위험으로부터 자신을 보호할 수 있다고 여기기도 한다.

2월 자수정(amethyst) (오닉스)

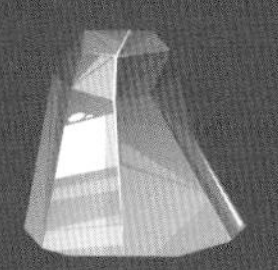

자수정은 다이아몬드, 사파이어, 에메랄드, 루비와 함께 5대 보석으로 꼽힌다. 자수정은 석영에 철 성분이 섞여 보랏빛을 띠는 수정으로 모든 특성이 석영과 같다. 또 열을 가하면 탈색되는 성질이 있다. 자수정의 영어 이름은 '술에 중독되지 않는'이라는 뜻의 그리스어에서 유래되었다.

1981년 우리나라를 대표하는 국석(國石)으로 지정되기도 하였다. 자수정의 주요 산지로는 여러 나라가 있는데 우리나라의 자수정이 높은 등급으로 인정받고 있다. 우리나라 자수정의 주요 산지는 경북 울산광역시 울주군 언양면 일대인데, 현재는 거의 동이 나서 한국산 자수정을 보기가 어렵다.

자수정은 평화와 성실을 의미한다. 옛날 사람들은 자수정이 총명한 지혜를 갖게 하는 힘이 있다고 믿어서 자수정을 지니면 모든 면에서 뛰어나게 되고 전쟁을 승리로 이끌 수 있다고 생각했다고 한다.

3월 아쿠아마린(aquamarine) (자스퍼, 브러드스톤)

푸른색을 띠고 있는 광물, 녹주석을 아쿠아마린이라 부른다. 아쿠아마린은 물을 뜻하는 '아쿠아(aqua)'와 바다라는 뜻의 '마린(marine)'을 합한 이름으로, 보석이 푸른 바다와 색이 같은 점에서 유래한다. 색이 진할수록 가치가 높다. 경도가 7.5~8로 단단해서 흠집이 잘 생기지 않는다.

아쿠아마린은 영원한 젊음과 행복, 침착, 용감, 총명을 상징한다. 또한 희망과 건강을 갖게 하는 보석으로 믿어져 왔다.

4월 다이아몬드(diamond) (백수정)

천연 광물 중에서 가장 단단한 다이아몬드는 희귀하기에 고대부터 귀한 보석으로 여겨져 왔다. 이름은 '정복되지 않는다'라는 뜻의 그리스어에서 유래하였다. 내부에 불순물이 없으면 보석으로 쓰이는데 이는 드문 경우로, 대부분 공업용으로 쓰인다. 요즘에는 유사 다이아몬드도 생산되고 있다.

다이아몬드는 순수, 영원불변의 사랑, 승리와 성공의 정점, 부와 행운을 가져다주는 행운의 상징이다. 영원불변의 사랑을 의미하기 때문에 다이아몬드 반지는 결혼반지로 많이 찾는다.

5월 에메랄드(emerald) (크리소프레이스)

에메랄드는 녹색을 띠는 녹주석이다. 청색을 띠는 녹주석인 아쿠아마린과 같은 물질로 이루어져 있지만 다른 원소를 포함하고 있어 색이 다르게 나타난다. 에메랄드의 초록색 때문에 봄의 보석으로 불리기도 한다.

에메랄드는 성실, 친절, 선의를 뜻하는 보석으로 알려져 있다. 에메랄드를 가지고 있으면 부와 권력을 얻게 되고, 기억력이 강화된다는 믿음이 있다.

6월 진주, 월장석(pearl) (알렉산드라이트)

탄산칼슘으로 이루어진 진주는 조개가 몸속으로 들어온 이물질에 견디기 위해 체액으로 이물질을 둘러싸며 만들어지는 덩어리다. 진주는 광물은 아니지만 보석으로 취급된다. 흰색,

검은색, 분홍색 등의 색을 가지고 있는데 가장 흔히 볼 수 있는 색은 흰색이다. 조개, 홍합이나 전복의 몸속에 이물질이 들어가 자연적으로 생긴 진주를 천연 진주, 인위적으로 핵을 넣어 만든 것을 양식 진주로 구분한다.

진주는 건강, 장수, 부, 청순, 순결, 여성적인 매력을 상징한다. 기원전 3,500년 전부터 중동이나 아시아인들은 진주를 매우 귀중한 재산으로 여겼다.

7월 루비(ruby) (옥, 카넬리안)

7월의 탄생석인 루비는 붉은색의 강옥을 말하는 것으로 '빨갛다'는 의미의 라틴어에서 그 이름이 유래되었다. 홍옥이라고도 불리며, 다이아몬드 다음으로 단단한 광물이다. 루비는 고대에 피와 관련된 질병을 치료하거나 상처를 치유하는 약으로 사용되었다.

루비는 열정, 위엄, 정열적인 애정, 용기, 자유를 의미하는 것으로 알려져 있다. 루비는 평화로운 삶을 지속하게 하고, 루비를 놓아둔 곳에는 아무것도 도둑맞지 않는다고 믿어져 왔다.

8월 페리도트(peridot) (아벤츄린, 사도닉스, 사파이어)

페리도트는 황록색의 투명한 보석으로 감람나무의 색깔과 비슷하다고 해서 감람석이라고도 불린다. 페리도트는 지구상의 흔한 보석 중 하나인데, 종종 운석에서도 발견되어서 우주의 신비가 담긴 보석이라고도 한다. 모스 경도는 6.5~7로 약간 무른 편이다. 페리도트는 달밤에 더 짙은 녹색을 띠게 되어 '이브닝 에메랄드'라는 별명을 가지고 있다.

페리도트의 의미는 부부의 행복과 애정, 친구와의 화합, 지혜, 행복이다. 밤의 공포로부터 사람을 보호해 주고 악마를 물리쳐 준다고 믿어져 왔다. 중세에는 몸에 페리도트를 지니면 근심 걱정, 악몽에서 벗어날 수 있다고 믿었다.

9월 사파이어(sapphire) (라피스라주리)

사파이어는 루비와 마찬가지로 투명한 강옥이지만 색이 청색인 보석을 가리킨다. 이름은 라틴어의 '푸르다'라는 뜻에서 유래되었다. 굳기는 9로 다이아몬드 다음이며 가을의 보석이다.

사파이어는 마음의 평화, 진리, 불변, 성실, 덕망 등을 의미한다. 예로부터 사람들은 사파이어를 몸에 지니고 있으면 많은 병이 낫고 특히 눈병에 걸리지 않으며, 독이 제거되며 마귀로부터 해방된다고 믿었다.

10월 오팔(opal) (분홍 전기석)

오팔은 우리나라에서 단백석이라고 불린다. 오팔의 이름은 '귀중한 돌'을 뜻하는 라틴어에서 유래되었다. 움직임에 따

라 다양한 색이 나타나는 유색 효과가 나타나는데 유색 효과가 선명할수록 가치가 높다. 유색 효과로 인해 여러 가지 색이 나타나기 때문에 '무지개의 화신'으로 부르기도 한다. 굳기는 5.5~6.5로 약간 무른 편이고, 색깔이 없는 오팔은 보석으로서의 가치가 없어서 색깔이 있는 것만 보석으로 사용된다.

오팔은 여성의 행복, 희망, 청순, 충성, 인내를 의미하고, 시력과 집중력을 높이며 정신적인 영감을 강하게 하는 힘을 가지고 있다고 믿어져 왔다.

11월 토파즈(topaz) (황수정)

황옥이라고도 하는 토파즈의 이름은 '찾다'라는 뜻의 그리스어에서 유래됐다. 토파즈의 색은 노란색이 많고, 파란색과 녹색, 투명한 색도 있다. 1750년 파리의 한 보석상이 황색 토파즈에 열을 쬐었더니 분홍색이 되는 것을 발견했고, 이를 계기로 오늘날 대부분의 토파즈는 열처리 과정을 거친다.

토파즈는 희망, 우정, 건강, 결백을 상징한다. 밤에도 빛을 잃지 않는 성질을 가지고 있어서 신성한 돌로 여겨져 왔다. 또 로마인들은 토파즈를 담근 포도주에 눈을 씻으면 시력이 좋아진다고 믿었다. 위나 장을 튼튼하게 하고 식욕을 증진하는 데 효과가 있는 돌로도 여겨져 왔다.

12월 터키석(Turquoise) **(라피스라주리, 탄자나이트)**

하늘색 또는 청록색을 띠고 있는 터키석은 기원전 5,000년 전부터 쓰였다. 터키석의 어원은 터키의 돌이라는 뜻의 프랑스어인데, 실제로 터키석은 터키에서는 나지 않는 보석이다. 시나이반도에서 산출된 터키석이 터키를 거쳐 유럽에 소개되었기에 이런 이름이 붙여졌다. 터키석의 파란색은 알루미늄과 구리의 작용 때문이다. 터키석은 산성에 약하기 때문에 산성에 닿지 않도록 주의하고 강한 햇빛을 피해야 한다. 또한 착용하면서 땀을 흘렸다면 깨끗이 닦아 주어야 변색을 막을 수 있다.

터키석은 행운, 성공, 승리를 의미하는데 티베트에서는 종교의식에 사용한다. 아시아와 아프리카에서는 터키석을 장신구로 사용하면 파충류의 독, 눈의 질병으로부터 보호받는다고 생각했다.

2.
식물과
색

"장미, 수국, 가지, 금어초... 식물 또한 각양각색의 색을 지닌다. 그런가 하면 주변의 여러 환경에 따라 고유의 색이 변화하기도 한다. '가을이 되면 무르익는 단풍'과 '다채로운 색을 가진 튤립'처럼 마치 카멜레온 같은 식물이 가진 비밀을 알아보자."

식물의 색소

식물의 색소는 클로로필(엽록소:초록색), 카로티노이드(붉은색, 주황색, 노란색), 안토시아닌(기타 색) 등이 있다. 이 중에 안토시아닌은 주변 산도(pH)나 분자구조, 다른 색소와의 조성비 등에 따라 빨강, 노랑, 주황, 보라, 하양 등 다양한 색을 만들어낸다.

흰 꽃

색소로 색깔이 정해진다면 흰 꽃은 흰 색소를 지니고 있다고 여길 수 있다. 하지만 사실 흰 꽃에는 색소가 없다. 실제로는 투명하나 꽃잎 내부에 작은 기포가 있어서 하얗게 보이는 것이다.

가을 단풍

가을에 단풍이 물드는 까닭은 온도와 수분에 민감한 엽록소가 점차 소멸하면서 녹색이 사라지고 그 자리를 노랑이나 붉은색이 채우기 때문이다.

수국의 색 변화

수국은 토양의 산도에 따라 꽃 색이 바뀐다. 알칼리성 흙에서는 분홍색으로, 산성흙에서는 파란색으로 핀다. 수국의 안토시아닌이 흙의 알루미늄 성분과 결합해 파란색을 띠는 것이다. 또한 결합하여 키우면 보라색 수국으로 피는 것을 볼 수 있다.

컬러푸드와 영양소

식물이 만들어내는 화학물질 중, 식물이 병원균이나 해충, 미생물 등으로부터 스스로를 보호하고, 우리가 음식으로 먹었을 때 건강에 도움을 주는 것을 파이토케미컬이라고 한다.
식물을 뜻하는 '파이토(phyto)'와 화학물질 '케미컬(chemical)'의 합성어이다. 이것은 과일과 채소의 고유 컬러를 나타내는 성분이기도 하는데, 현재까지 밝혀진 것이 1만여 종에 이른다.
이러한 영양소는 본래 식물이 외부 환경으로부터 자기를 방어하기 위하여 배출하는 물질이다. 그런데 우리 몸으로 들어오게 되면 더는 식물 자신을 방어하지 않고 우리 몸을 보호하는 역할로 바뀐다. 과일과 채소의 독특한 빛깔은 그 색에 따라 효능도 다르다고 한다.

면역력과 체력을 높여요.
암을 예방해요!

성분 베타카로틴

효능 항산화작용, 피부미용

눈을 맑게,
시력을 보호해요!

성분 비타민A, 베타카로틴

효능 면역력 강화, 백내장 예방, 눈의 피로 방지

심장과 혈관을
튼튼하게!

성분 폴리페놀, 라이코펜

효능 항암효과, 혈관질환 예방, 성인병 예방

피로를 풀어줘서
기분이 좋아져요!

성분 플라보노이드, 안토시아닌

효능 시력개선, 항산화작용

장이 튼튼해져 화장실을 쉽게
가도록 해줘요!

성분 엽산, 비타민C, 카테킨

효능 피로회복, 혈액건강

나쁜 세균과 바이러스를
이기는 힘을 줘요!

성분 이소플라본, 안토크산틴, 쿼세틴

효능 유해산소제거

머리카락이 튼튼하게
자라도록 해줘요!

성분 안토시아닌

효능 심장질병, 뇌졸중, 성인병, 암 예방

3.
동물과
색

"색에 특화된 동물들이 있다. 카멜레온이나 문어와 같은 동물은 주변 환경에 맞게 자기 몸의 색깔을 바꿔 둔갑한다. 그런가 하면 스스로 빛을 내 고유한 색을 띠는 생물도 있다."

빛이 나는 바다 생물

생물 발광(Bioluminescence)이란 생물이 화학적 작용을 거쳐 빛을 내는 현상을 말하며, 스스로 빛을 낼 수 있는 기관을 지닌 생물을 발광생물이라고 한다.

발광생물은 육지 생물에서도 찾아볼 수 있지만 물고기, 해파리, 갑각류 및 두족류, 연체동물을 포함한 바다 생물에서 더 광범위하게 발견된다.

몰디브 해변의 청량한 색깔은 발광 플랑크톤의 대표 격인 야광충 덕분이다. 이 플랑크톤은 세포질 속에 여러 개의 발광성 알갱이가 있어 물리적 자극을 받으면 빛을 발한다. 모래사장에 밀려오는 파도의 자극에 의해 더욱 빛난다고 할 수 있다.

발광 해파리의 일종인 평면 해파리는 스스로 빛을 내는 발광단백질 '에쿼린'을 가지고 있어 청색광을 내뿜는다. 이뿐만 아니라 주위로부터 빛 에너지를 얻어 다시 빛을 내는 GFP라는 녹색 형광 단백질도 가지고 있다.

그리하여 이 해파리는 스스로 푸른 빛을 내기도 하고, 주위의 자외선을 흡수하여 녹색 빛을 내기도 하는 특징을 갖고 있다.

Plus 10. 바다 생물의 골격 형성

골격염색은 다양한 화학약품을 이용하여 생물의 골격을 염색하는 작업으로, 단계별 과정을 통해 골격구조와 형태 그리고 내부기관 등을 관찰할 수 있다. 이러한 골격염색 표본들은 학술 가치뿐만 아니라 표본의 아름다움과 예술적 가치로도 동시에 주목받고 있다.
골격을 염색하는 까닭은 생물 골격의 미세한 부분까지 관찰하기가 힘들기 때문이다. 이런 난점을 보완하고자 학자들은 골격에 색을 칠하는 방법을 개발하였고, 골격염색을 통해 물고기를 따로 해부하는 일 없이 골격까지 관찰할 수 있게 되었다. 골격염색 방법은 현재도 학자들에 의해 계통분류 및 진화 관련 연구를 하는 데 유용하게 사용되고 있다. 아래는 골격염색의 과정이다.

1. 표본 고정

표본의 근육조직을 포르말린으로 고정한다.

2. 표피 제거

표본의 표피를 과산화수소 또는 기계적 방법을 사용하여 제거한다.

3. 연골 염색

알시안블루 시약으로 연골(연한 물렁뼈) 부분을 파랗게 염색시킨다.

4. 단백질 투명화

수산화칼륨으로 표본 내부에 단백질을 투명화시킨다.

5. 경골 염색

알리자린레드에스 시약으로 경골(단단한 뼈) 부분을 빨갛게 염색시킨다.

6. 완성

완성된 표본을 글리세린 보존액에 담가 용기에 보관한다.

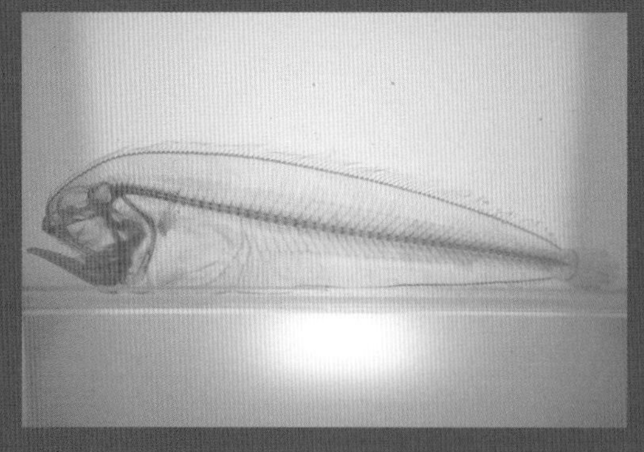

골격염색 표본

곤충의 숨바꼭질

곤충의 화려한 색은 천적으로부터 자신을 보호하기 위한 생존 전략이다. 수많은 곤충이 함께 사는 숲속은 목숨이 걸린 숨바꼭질이 한창인 곳이다. 따라서 곤충들은 저마다 생존을 위해 주변의 환경과 비슷하게 위장하고 숨기 바쁘다. 천적들의 눈에 띄면 잡아먹히기 때문이다.

예를 들어 메뚜기와 방아깨비의 몸빛은 풀밭의 색과 매우 흡사하다. 매미나 하늘소는 나무껍질과 닮아 눈에 잘 띄지 않는다. 나방의 유충도 대부분 녹색이어서 푸른 이파리에 있으면 눈에 띄지 않는다.

Plus 11. 모르포나비 색의 비밀

모르포나비는 파란색으로 반짝이는 나비다. 하지만 모르포나비의 날개에는 파란 색소가 전혀 없다. '모르포'는 그리스어로 '반사된다'는 뜻이다. 모르포나비는 색소가 아니라 물리적인 구조로 파란 광택을 만드는데, 날개의 표면구조가 독특하여 파란색 파장의 빛만 반사하기 때문에 그렇게 보이는 것이다. 이처럼 색소 없이 색깔이 발생하는 경우를 구조색이라고 한다.

그렇다면 이 표면구조는 어떻게 생겼을까? 날개 표면의 단면을 전자현미경으로 확대해 보면 마치 기와를 얹은 것처럼 규칙적인 배열을 확인할 수 있다. 여기에 빛을 비추면 특정 파장의 빛만 반사되고 나머지는 통과한다. 이런 과정이 여러 차례 반복되면서 파장이 480mm인 파란색 빛만 반사되는 것이다.

한편 모르포나비의 종류에 따라 물리적인 구조가 달라서 여러 가지 색이 보이기도 하고, 보는 방향에 따라 색이 달라지기도 한다. 모르포나비 이외에 비단벌레, 공작새, 갯지렁이 등 여러 생물 또한 광 구조로 되어 있어 독특한 금속성 빛을 낸다.
카멜레온의 피부색이 화려하게 변하는 것 또한 색소의 축적이나 분산으로 색이 변하는 다른 동물과 달리 피부세포의 구조 변화로 반사되는 빛의 파장이 달라지기 때문이다.
새하얀 북극곰의 털색 또한 광 구조로 달라진 것이며, 원래의 털색은 갈색이다. 이렇게 진화한 이유는 햇빛을 더 잘 흡수하는 흰색이 열을 유지하는 데 도움이 되기 때문이다.

4.
인간과
색

"사람은 인종에 따라 피부색이 다르다. 피부색이 다르다는 이유로 서로를 맹목적으로 구분하고 아픔을 준 역사도 있었다. 피부색은 제각기 다른 지역에 존재하던 우리 조상이 대를 걸쳐 적응한 결과일 뿐이기에 피부색으로 사람을 차별해서는 안 될 것이다. 다행히 오늘날은 인종차별이 나쁘다는 인식과 함께, 피부색이 감춰야 하는 요소라기보다는 적극적으로 드러내고 표현하는 수단으로 자리매김하고 있다. 나에게 맞는 색은 무엇일까?"

피부색에 따른 퍼스널 컬러

퍼스널 컬러는 개개인의 피부 톤과 가장 어울리는 색을 찾는 색채학 이론 중 하나이다. 색채의 조화와 부조화의 원리에 기초를 두고 분석한 이론으로 모든 색을 사계절 유형으로 구분한다.
퍼스널 컬러는 개인에게 가장 잘 어울리는 퍼스널 컬러를 찾아, 얼굴에 생기가 돌고 활기차 보이게끔 연출할 수 있다.

컬러테라피

이 세상에 존재하는 색 가운데 현대기술로 분석한 색의 종류는 무려 4천5백만 가지에 이른다. 그중 사람이 눈으로 구별할 수 있는 색은 약 2백만 가지인데, 이처럼 수많은 색을 크게 두 가지 색으로 분류할 수 있다. 바로 웜톤(따뜻한 색깔)과 쿨톤(차가운 색깔)이다.

웜톤 쿨톤 이론은 1928년 로버트 도어(Robert Dorr)가 『색채조화』라는 책에서 발표한 컬러테라피다. 그는 '배색의 조화와 부조화의 원리'를 색의 온도감으로 접근하여 따뜻한 색과 차가운 색이라는 두 가지 기초색상으로 구분했다.

웜톤 쿨톤 팔레트는 노란 기가 도는 웜톤 컬러와 푸른 기가 도는 쿨톤 컬러를 중심으로 구성된다. 사계절 컬러 중에서 따뜻한 유형(웜톤)은 봄 색과 가을 색으로 세분되며 차가운 유형(쿨톤)은 여름 색과 겨울 색으로 세분된다.

또한 수많은 색 중에는 따뜻한 색인지 차가운 색인지 구분할 수 없는 미지근한 느낌의 중간색도 존재한다. 이는 모든 색 가운데 10~20% 정도를 차지한다.

Plus 12. 나의 색, 나의 미래

세상에는 수많은 색이 존재한다. 같은 색이라도 느끼는 감정은 사람마다 다르다. 원래부터 좋아하는 색을 선택하는 것도 좋지만 때로는 다양한 색을 인지하고 경험하는 새로운 도전도 필요하다. 뻗어나갈 우리의 미래는 색의 가짓수만큼이나 다양하여, 우리의 행동과 선택에 따라 달라진다. 색을 고르듯 원하는 미래를 위해 계획을 세우고 노력하여 적극적으로 선택해 나가야 한다. 그래야 미래를 나만의 색으로 물들일 수 있다.

참고 자료

· 데이비드 콜즈, 김재경 번역, 《예술가들이 사랑한, 컬러의 역사》, (주)영진닷컴
· 문은배, 《색을 불러낸 사람들》, 안그라픽스
· 스텔라 폴, 이연식 옮김, 《컬러 오브 아트》, SIGONGART
· 클로이 애슈비, 김하니 옮김, 《컬러 오브 아트》, 아르카디아
· 폴 심프슨, 박설영 번역, 《컬러의 방》, 윌북
· 한영식, 《꿈틀꿈틀 곤충 왕국》, 사이언스북스
· '세상에서 가장 검은색, 반타블랙, 독점 사용 문제 없나요?', <브릿지경제>
· '당신은 공감각자입니까?', <지식채널e>
· '흙의 산성도에 따라 수국의 색이 바뀐다?', <YTN 사이언스>
· '파랑인데 파랑이 아니다?, 색소 없이 만들어지는 색깔의 비밀, 광구조', <에듀진>
· '나는 한국의 파브르입니다-정부희 곤충 박사', <EBS 초대석>
· [위키백과], https://wikipedia.org/wiki
· [네이버 지식백과], https://terms.naver.com

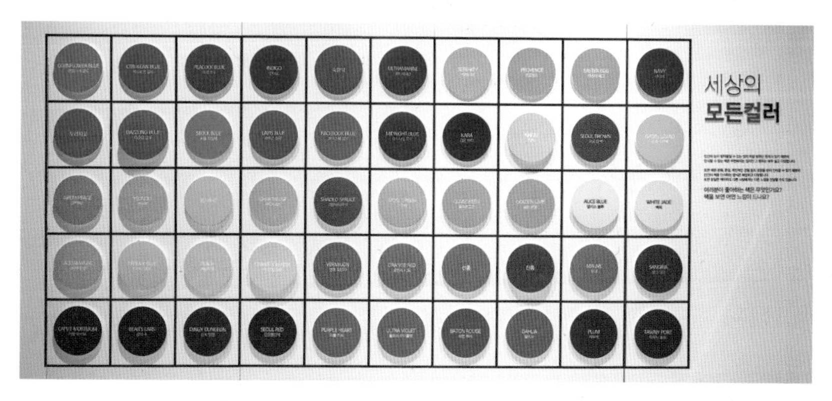

전시장 보러가기

"모든 것은 색으로부터 시작된다."

Everything starts from color.

••

- 파블로 피카소 -

"색은 신비한 힘이다. 그것은 열정의 강렬한 발현이다."

Color is a mysterious power.
It is the intense manifestation of passion.

••

- 레오나르도 다빈치 -

"색은 자연에서 가장 진실한 요소이다."

Color is the most truthful element in nature.

••

- 토마스 칼라일 -

"색은 시각적 음악이다."

Color is visual music.

••

- 빈센트 반 고흐 -

"우리는 각각의 색으로 이루어진 세상에 살고있다."

We live in a world made of each color.

••

- 아리스토텔레스 -

"색은 감정의 언어다."

Color is the language of emotion.

••

- 앤드류 로젠스타인 -

각양각색 컬러나라 전시와 본서 출간에 참여한 이들

국립부산과학관	선임연구원	권수진
	연구원	김재은
	행정원	박주희
국립광주과학관	책임연구원	문경주
	선임연구원	주유라
국립대구과학관	선임연구원	장재용
	선임연구원	최은우
	연구원	서혜원

(주) IDCS
국립해양생물자원관
서대문자연사박물관
광주과학기술원 고등광기술연구소
기초과학연구원
초강력레이저과학연구단
한국지질자원연구원
지질박물관
코코리색채연구소

각양각색 컬러나라

초판 1쇄 2024년 2월 8일
지 은 이 국립부산과학관

제작유통 ㈜호밀밭 homilbooks.com
디 자 인 에이원
출판등록 2008년 11월 12일(제338-2008-6호)
부산광역시 수영구 연수로357번길 17-8
T. 051-751-8001

ISBN 979-11-6826-175-4 (03400)